图说残膜机械化回收技术漫谈

康建明 主编

中国农业出版社
北　京

内 容 提 要

《图说残膜机械化回收技术漫谈》一书，以科普漫画的形式，对残膜污染形成的原因和危害、残膜污染治理、残膜回收机械以及残膜回收后循环利用进行了系统讲解，结合农业生产实际，明确了各种残膜回收机械的特点、适用范围和技术参数等，对残膜回收机械的选择、作业规程等提供指导，明确了对操作人员的要求和安全注意事项。全书以简洁易懂的语言对残膜机械化回收技术进行科普，对于宣传残膜回收机械的最新科技成果，推动残膜机械化回收技术的应用具有良好作用。

编 委 名 单

主　编　康建明

副主编　王小瑜　彭强吉　陈英凯

编　者　张宁宁　张春艳　张爱民　温浩军

　　　　李　伟　牛萌萌　王永烁　王少伟

　　　　宋裕民　孙冬霞　戴　飞　王士国

　　　　曹肆林　宫建勋　郑　炫　赵　岩

　　　　廖培旺

序

　　地膜覆盖栽培技术在我国农业生产中占有重要的战略地位，对利用有限的水资源发展旱地农业，保障我国粮食生产安全起到了重要的支撑作用。地膜覆盖栽培技术为我国农业发展做出重大贡献，带来巨大经济效益，促进了农民的增产增收，脱贫致富，但农田残膜治理工作的不彻底也为农业的可持续发展留下隐患。

　　在习近平总书记"绿水青山就是金山银山"的绿色发展理念下，残膜污染引起国家高度重视。2018年5月18日，在全国生态环境保护大会上，习近平总书记指出：要完善废旧地膜回收处理制度；李克强总理强调：解决农业面源污染、白色污染问题，既是污染防治的重要方面，也事关农业可持续发展和农产品质量安全。中央1号文件连续5年均明确指出：加强农膜污染治理，推广高标准农膜和残膜回收等试点，开展农田残膜回收区域性示范。因此，加快残膜污染治理的步伐对我国农业的可持续发展具有重大意义。

　　治理农田残膜污染是个系统工程，涉及法律法规、补贴政策、地膜减量化应用、可降解地膜应用、PE残膜机械化回收、残膜回收后资源化利用等系列问题。在PE残膜机械化回收板块，核心问题是先进适用残膜回收机械。

近年来，我国在残膜回收机械化技术研究与应用方面走在了世界前列，取得了一系列成果，因此，对我国残膜回收机械取得的成果进行总结和推广，对我国的残膜回收具有积极意义，有利于促进我国农业的可持续发展。《图说残膜机械化回收技术漫谈》的编写，汇集了众多专家的研究成果和生产经验，内容丰富，语言简洁易懂，有图有视频，具有重要的参考价值和推广应用意义。我相信，这本书的出版发行一定会受到广大读者的欢迎，也将促进残膜回收机械在农村农民中的推广，在残膜污染防治方面发挥积极作用。

中国工程院院士 陈学庚

2021年11月

前　言

　　地膜覆盖栽培技术自1978年从日本引入我国以来，与我国传统的精耕细作技术密切结合，对保障我国粮食安全、促进农业发展作出了卓越贡献。

　　同时，随着地膜覆盖技术的广泛应用，农田地膜残留污染日益严重。地膜残留会破坏土壤结构、阻碍水肥移动，影响作物生长、阻碍农机作业，严重影响我国土地资源的循环利用，阻碍我国农业的可持续健康发展。

　　随着绿色发展理念和环境治理的推广，残膜回收受到国家和政府的高度关注。为解决这一难题，我国的科技工作者进行了大量的研究，机械化回收成为研究的重点，经过30多年的不懈努力，我国的研究者先后开发出弹齿式、滚筒式、气力式、滚轮缠绕式、打包式等多种形式的残膜回收机。

　　本书采用漫画的形式，向广大农民朋友科普地膜残留的危害和残膜回收的必要性，介绍残膜机械化回收技术和残膜回收机，明确各种机型的特点和适用范围，为实现残膜科学有效回收起到宣传作用。

本书是长期从事残膜机械化回收技术研究专家和学者多年研究成果的总结，在编写过程中得到了新疆农垦科学院、石河子大学、甘肃农业大学、滨州市农业科学院等单位的大力支持，在此表示衷心感谢！同时感谢国家重点研发计划课题"农田残膜治理技术与装备开发(2017YFD0701102)"、国家自然科学基金"气固两相流场中残膜－土壤－棉秆团聚体筛分过程解析及筛分机构优化研究（51805305)"、山东省重点研发计划项目"智能化农田残膜捡拾打包联合作业机的研制(2018GNC112006)"等项目的资助。感谢课题组其他成员为本书出版提供的诸多支持与帮助！

　　书中不妥之处，殷切希望广大同仁和读者不吝赐教，批评指正。

著　者

2021 年 11 月

目　　录

视 频 目 录

引言

1. 百姓吃粮头等事，粮食安全大于天

　　中国是世界上人口最多、粮食消费量最大的国家，手中有粮，心中不慌。端稳端牢"中国饭碗"，必须始终坚持以我为主、立足国内、确保产能、适度进口、科技支撑，把提高农业综合生产能力放在更加突出位置，把"藏粮于地、藏粮于技"真正落实到位。耕地是粮食生产的命根子，是中华民族永续发展的根基。

2. 中国农业生产需求

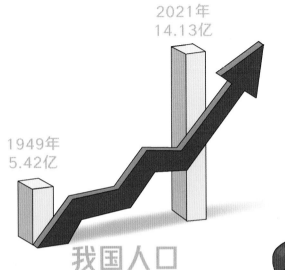

（1）粮食需求增加。近年来，我国人口持续快速增长，人口增加率高于粮食增加率，粮食缺口增大；且人们对肉蛋等食品的需求增加了对粮食的需求。

（2）食品需求多样化。随着人均收入水平的迅速增长，人们生活品质不断提升，对肉蛋、蔬菜、水果等食品的需求不断增长，饮食结构多样化。

3. 中国农业生产的现状

（1）人多地少。中国的耕地面积占世界的不足10%、人口却占世界的近20%，比例严重失衡，形势十分严峻。

（2）耕地资源严重不足。我国的耕地面积只占全国总面积的14%左右，由于城镇化进程加速、水土流失等原因，自1978年以来，我国的耕地面积平均每年减少10万公顷。

（3）灌溉水不足。我国的灌溉水资源为世界平均水平的4/5，且南北分布不均衡，农业用水量巨大，但有效利用率低。

（4）农业生产气候存在很大不确定性。近年来我国旱、涝、风、寒等自然灾害频发，极端气候对农业生产影响较大。

4. 扩大农作物种植时限和范围，提高单产

在耕地面积增长潜力十分有限的情况下，农业生产必然在技术和农业投入品上进行新突破，包括新品种、新技术和新肥料等，扩大农作物种植时限和范围、提高单位面积产量，才能实现总产量的增长。

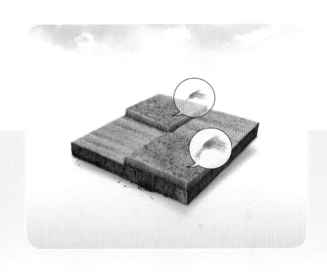

地膜

5. 地膜覆盖栽培技术对现代农业的贡献

（1）什么是地膜覆盖栽培技术

塑料薄膜覆盖地面栽培技术，是将极薄的聚乙烯等材料的薄膜紧密地贴于畦（垄）的表面，使农作物的根系生长在薄膜覆盖住的土壤中，茎叶生长在薄膜空间外的一项新型栽培技术，简称地膜覆盖栽培技术，具有增温保墒、保持土壤水分、改善土壤物理性状、抑制病虫害和杂草等作用。

地膜

地膜

（2）使用地膜的效果

　　农业生产未使用地膜时，农作物的适种区域受纬度和地形等自然条件的影响较大，具体表现为适种范围小，生产周期长，产量低，易受自然灾害影响。使用地膜可有效改变农作物生长的微环境，改善农作物生长条件，提高作物产量，具体表现为使部分农作物的种植极限范围向北移动2～5个纬度，或使海拔向上延伸500～1 000米，收获期提前5～20天，普遍增产30%～50%。

地膜

（3）地膜覆盖栽培技术迅速推广

地膜覆盖栽培技术自1978年从日本传入我国，以其优越的早熟增产作用迅速推广开来，成为一项农业重大技术改革，在我国农业生产中占有重要的战略地位。2020年我国地膜使用量达135.7万吨，占全球总量的70%左右，覆盖面积2.61亿亩*。地膜成为继种子、农药、化肥之后的第四大农业生产资料，对保障我国粮食安全、促进农业发展做出了重要贡献。

---

* 亩为非法定计量单位，1公顷＝15亩，下同。——编者注

（4）机械化作业助力地膜覆盖栽培技术提升

随着地膜覆盖栽培技术的迅速推广，与其配套的机械化作业技术也迅速发展起来，科研人员创新研制出起垄铺膜机、膜上播种机、膜上移栽机等系列高效作业新机具，并不断完善，将地膜覆盖栽培技术提高到新水平。

一、残膜污染形成的原因

地膜覆盖栽培技术为我国农业发展做出重大贡献，带来巨大经济效益，促进了农民的增产增收，脱贫致富，但农田残膜回收不及时、治理不彻底，大量地膜残留在耕层土壤环境中，形成了严重的"白色污染"，对生态环境造成严重伤害，也为农业的可持续发展留下隐患。

1. 地膜材料稳定性好，降解困难

地膜来自石油和煤炭，为高分子材料，稳定性好、耐腐蚀，可以在很长时间内独立存在于土壤环境中，自然状态下可以存留超过100年。地膜的增塑剂可能产生有害物质对农作物和人类造成危害。

2. 残膜危害认识不足，回收意识不强

　　残膜污染是一个逐渐累积的过程，在之前的几十年中，残膜污染还没有对农作物生长造成严重的影响，人们对残膜污染危害认识普遍不够，对残膜回收不重视，回收意识薄弱。而在残膜污染已经相当严重的今天，残膜回收已经非常困难。

3. 地膜使用后强度降低，回收难度大

我国现行地膜厚度国家标准（GB13735—2017）为不小于0.01毫米，但部分生产厂家在利益的驱使下私自减小地膜厚度，生产出很多不符合国家标准的超薄地膜，地膜强度不够，在使用季结束后碎裂严重，回收难度大。

4. 残膜回收机械化程度低，回收成本高

在过去的30多年里，我国的残膜回收机械化程度一直处于比较低的水平，大部分地区以人工捡拾为主，成本高、效率低，回收率低。使用较为普遍的残膜回收机械结构简单，回收效果差，作业成本高。

5. 回收后的残膜杂质多，难以循环利用

回收后的残膜中夹杂大量的秸秆、沙土等杂物，难以循环利用，清洁处理成本大于回收利用效益，导致残膜循环利用动力不足，进而严重影响了残膜回收的积极性。

6. 回收循环利用体系不完善

残膜回收体系不完善，回收点设置不足，配套的后续处理措施缺乏，造成循环利用环节缺失，农民拾的残膜不能得到有效利用，基本都是焚烧或是堆积在田间地头，造成二次污染。

接下来我该去哪儿呢？

1. 影响作物产量

种子播在地表残膜位置，影响幼苗根系对水分和养分的吸收，易造成烂种、烂芽，幼苗枯黄或死亡，导致缺苗或弱苗，影响作物产量。

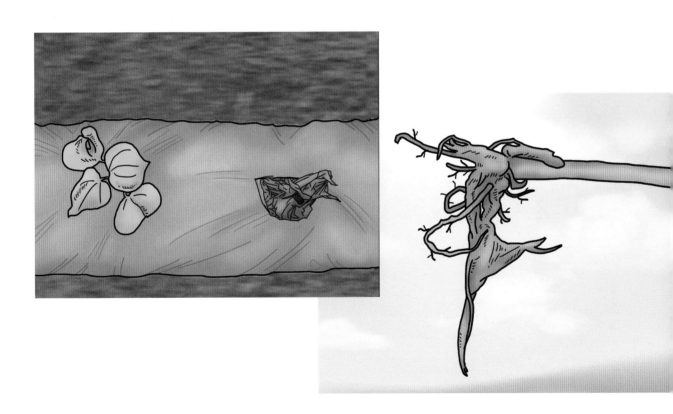

2. 破坏土壤结构

耕层中残膜聚集造成土壤孔隙度下降、通气性和透水性降低，土壤团粒间的有机质和矿物质减少，进一步影响到微生物的正常活动，造成土壤板结，肥力下降。

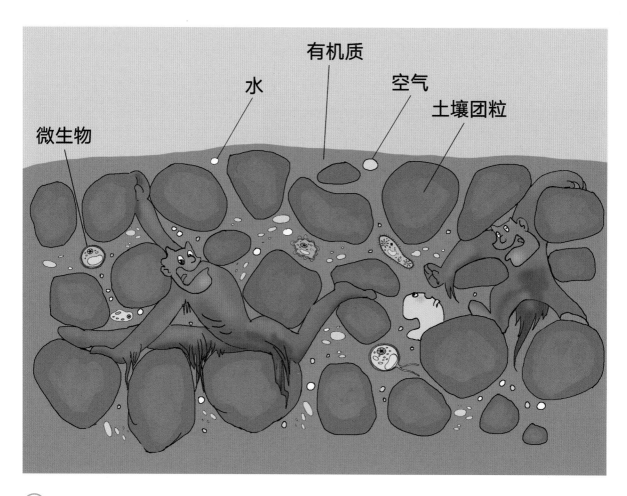

3. 降低产品质量

作物收获时混入残膜，加工过程中不易清除，造成产品质量降低。以棉花为例，残膜极易混入籽棉中，在加工线上被梳成更短、更细的塑料纤维，与皮棉混合在一起，导致纺纱时易断头，严重影响成纱质量以及后续织布、印染、漂白工序及各类针织物的质量。

皮棉等级极低

4. 导致牲畜患病

粘在作物秸秆上的残膜可能会与秸秆一起成为牲畜饲料，被牲畜误食后会阻塞胃肠道，影响消化，引起消化道疾病，甚至死亡。

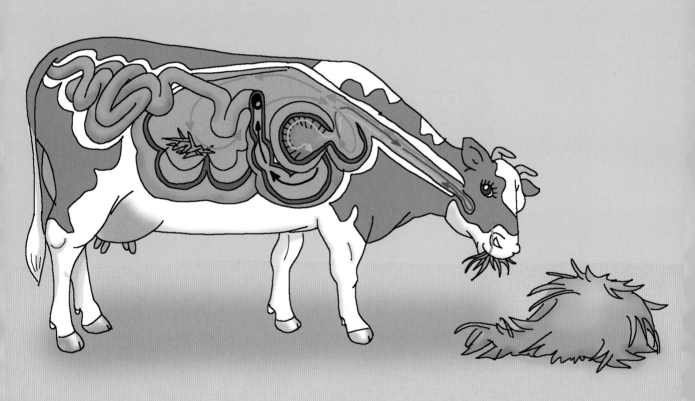

5. 降解产生微塑料污染

　　残膜降解产生微塑料（直径小于1毫米的塑料制品颗粒），并释放出各类有毒有害添加剂，且极易吸附环境中的重金属及有机污染物，通过微生物进入食物链循环，对农业生态系统和人类食品安全造成危害。

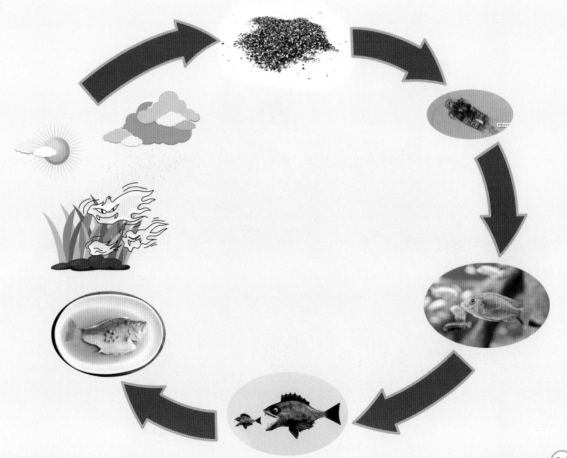

6. 其他副作用

影响农村生态环境。收获期后，残膜如果不及时回收，就会被风吹散到各处，不仅影响农村面貌，而且对环境造成严重的污染。

影响农机具作业。残膜容易缠绕作业机械的旋转部件，不但清理困难，更耽误正常耕种，严重的甚至会损坏机器。

三、残膜污染治理

　　农田残膜污染呈逐年加重势态，成为农业可持续发展的重大隐患，引起国家高度重视，残膜污染治理刻不容缓。2019年6月，国家六部委发文加快推进农用地膜污染防治，提出"到2020年建立工作机制，明确主体责任，回收体系基本建立，农膜回收率达到80%以上，全国地膜覆盖面积基本实现零增长。到2025年，农膜基本实现全回收，全国地膜残留量实现负增长，农田白色污染得到有效防控"。

1. 减少地膜用量：节约型地膜技术和无膜种植技术

节约型地膜技术：通过高强度耐老化地膜产品和轮作种植模式，实现一膜一年用、一膜两年用，甚至一膜多年用，减少地膜投入、减少耕作用工，省时省工又环保。

无膜种植技术：在不影响作物生长的前提下，通过综合分析评估，采用品种、农艺和其他技术，适当减少地膜的田间覆盖度或实现地膜完全去除，达到少使用、少污染的目的。

无膜新品种：中棉619

2. 升级地膜产品：高强度耐老化地膜

通过增加地膜厚度和采用新型高性能聚乙烯原料、添加其他辅助材料等方式生产高强度耐老化地膜，提高地膜耐老化性能和拉伸强度，保证在两年内保持形状完整和较高强度，且表面张力小，不易吸尘，易于回收利用，配套回收机，可实现100%回收。

指标	普通地膜	高强度地膜			优点
地膜厚度（微米）	8～20	10～15	10～15	20～30	更厚
抗拉强度（牛）	≥1.3	≥1.6	≥2.2	≥3.0	更强
断裂标称应变（%）	≥120	≥260	≥300	≥320	更强
直角撕裂负荷（牛）	≥0.5	≥0.8	≥1.2	≥1.5	更强

3. 研发新型环保地膜：可降解地膜

　　包括光降解地膜、生物降解地膜、氧化生物降解地膜等，基本可以达到普通地膜的增温、保墒、增产效果，生长季后快速安全降解为二氧化碳、水和生物质，无需回收。目前，我国对可降解地膜的研究尚处于试验和探索阶段，但以生物质为主要原料的可降解地膜代替传统的聚乙烯地膜必将是地膜发展的大趋势。

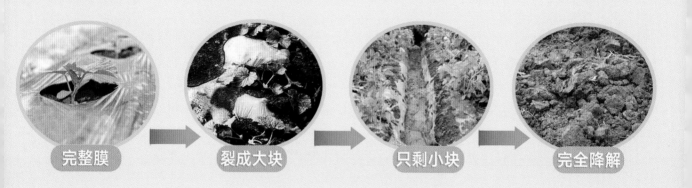

完整膜 → 裂成大块 → 只剩小块 → 完全降解

4. 推行适度揭膜：提前收膜，可实现机械化

筛选作物最佳揭膜期，变作物收获后揭膜为收获前揭膜，可缩短覆膜时间60～90天，有效防止地膜过度老化，此时地膜的强度和韧性能够满足机械化收获的要求，一般回收率可达到90%以上。

27

5. 关键在机械化回收：使用机械进行残膜回收

可降解地膜技术仍处于研究阶段，在相当一段时期内聚乙烯地膜仍是农田地膜应用的主流，现阶段解决聚乙烯地膜的机械化回收问题是技术重点。我国在残膜回收机械化方面的研究已经进行了很多年，现如今已经研制出了多种残膜回收机械，但是为了提高作业效率和回收率，我们仍然需要对残膜回收机械进行深入研究。

四、典型残膜回收机械

欧美和日本的地膜覆盖栽培一般用于蔬菜、水果等经济作物，地膜厚度一般要求为0.02毫米，地膜较厚且覆盖期相对较短，回收难度小，能够使用收卷式回收机实现完整回收。日本残膜回收时缠绕扎在地膜两边的绳索，将地膜收起。欧美国家研发了多种残膜回收机具，已初步形成机械化回收体系，残膜污染风险得到了有效控制。

滚刷清洁机清除杂质

卷膜式回收机卷收

装车运输

欧美国家的机械化回收体系

欧美国家使用的残膜回收机械以收卷式为主。该类机型结构比较简单，主要由起膜铲和卷膜辊组成，工作时起膜铲首先在地头将压在地膜两侧的泥土铲起，人工将膜提起并缠绕在卷膜辊上，随着机组的前进地轮带动卷膜辊旋转，连续不断地将地膜缠在卷膜辊上，完成残膜回收过程。

视频1
美国残膜回收机械

我国地膜厚度小强度低且覆盖周期长，作物收获后田间残膜破损严重，国外的收卷式残膜回收机不适合我国国情。我国从20世纪80年代开始进行残膜回收机械的研究，经过30多年的不懈努力取得了较大进展，据不完全统计，我国的残膜回收机械已经达到100余种。

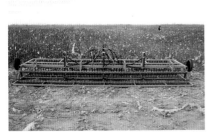

1. 单项作业机

仅实现残膜回收功能的机具。

（1）弹齿式残膜回收机

该机具最早于20世纪90年代初在新疆使用，是当时应用最广泛的残膜回收机械，用于地表和浅层土壤的残膜回收。该机配套拖拉机作业，布置多排弹齿，弹齿深入到土壤中，将残膜搂起后成条集中到田间，停机卸膜，人工将集条残膜转运出去。该机具作业时能同时清除杂草，具有一定的碎土作用，具有结构简单、价格低、使用维修方便、无需保养等特点，但只能收集大块残膜，对小块的残膜回收率较低。

代表机型：密排弹齿式残膜回收机

该机型由三排弹齿组成，与拖拉机配套，对地表10厘米以内的残膜进行回收，用于作物播种前作业，需要人工卸膜。

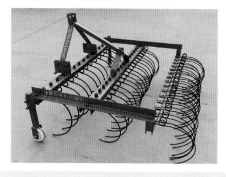 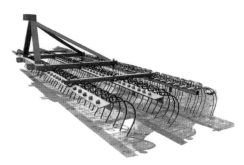

技术参数

结构形式：悬挂式　　　　　配套动力：小四轮　　　回收深度：5～10厘米

作业效率：9～15亩/小时　　残膜回收率：≥85%

代表机型：1LM-5.0 型自卸式弹齿搂膜机

该机型由新疆农垦科学院机械装备研究所研制，弹齿直径小于10毫米，同排弹齿间距小于10厘米，前后2或3排弹齿组合，最大作业深度5～10厘米。工作时拖拉机带动机具前进，弹齿齿尖入土搂集残膜，残膜沿弹齿弧面向上聚集，当弹齿前方集满残膜时，将机具提升，控制液压推动脱膜架整体向下运动，将残膜卸下。该机型结构简单、作业幅宽大，采用梳脱的方式实现了自动卸膜，极大地提高了作业效率，适用于春季整地作业后、播种前的耕层中最大展开长度大于5厘米的残膜回收。

技术参数

结构形式：悬挂式	配套动力：≥44千瓦
作业深度：5～10厘米	作业速度：6～8千米/小时
残膜回收率：≥70%	

代表机型：自卸式立杆搂膜机

该机型由新疆农垦科学院机械装备研究所研制，扶禾器将棉秆与搂膜弹齿隔开，避免对搂膜作业干扰，多采用较大圆弧半径的圆形弹齿，弹齿直径大于10毫米，一次作业可完成搂膜、脱膜、卸膜等工序。该机型适用于收获后棉田残膜回收，宽幅设计提高作业效率，自动卸膜减轻劳动强度。该机型结构简单，工作可靠，作业效率高，但回收率较低。

技术参数

结构形式：悬挂式　　　　配套动力：≥48千瓦
作业深度：5～10厘米　　作业速度：4～6千米/小时
残膜回收率：≥50%

代表机型：折叠式立杆搂膜机

　　该机型由新疆农垦科学院机械装备研究所研制，针对大规模作业设计，在基础型立杆搂膜机的基础上增大作业幅宽，机架可折叠设计，液压控制实现侧边部分的收放，解决了大幅宽机具的行走和运输难题，大大地提高了作业效率。该机型适用于收获后棉田残膜回收，设计宽幅折叠式机架，宽幅提高生产效率，可折叠方便运输。

技术参数

结构形式：悬挂式　　　　　配套动力：≥48千瓦

工作幅宽：≥6米　　　　　　作业深度：5～10厘米

作业速度：4～6千米/小时　　残膜回收率：≥90%

代表机型：1MP-240A型耙齿式残膜回收机

　　该机型由农业农村部南京农业机械化研究所研制，公益性行业（农业）科研专项"残膜污染农田综合治理技术方案"研发成果。为解决传统耙齿式机具收膜后需人工脱膜、费时费力的问题，发明了液压驱动平行四连杆同步装置，针对试验中存在的一次脱膜不彻底、耙齿作业后变形大使脱膜更加困难且脱膜机构到达极限位置后难以顺畅归位等难题，设计"倒八字型"刮板及限轨归位机构，实现了高效顺畅收膜、一次彻底脱膜及刮板顺畅归位。

　　该机型适用于沙土、沙壤土、黏土等土壤类型种植的作物收获后田间残留地膜回收，尤其适用于垄作花生收获后残留地膜回收。

技术参数

结构形式：悬挂式

配套动力：75 ～ 90千瓦

作业效率：20亩/小时

一次脱膜率：接近100%

残膜回收率：≥90%

（2）指盘式搂膜机

该机具由活套在机架轴上的若干个指轮平行排列组成，结构简单，没有传动装置。作业时，指轮接触地面，靠地面的摩擦力转动，将地膜搂向一侧，形成连续整齐的膜条。该机作业速度可达5千米/小时以上，可以同时收集残余的作物秸秆。该机具用于秋后或播前的残膜回收作业，结构简单、加工制造方便。

代表机型：SMJ-2型农用地膜回收集条机

该机型由新疆生产建设兵团农八师一三四团研制，采用后三点全悬挂连接方式与拖拉机连接，作业时首先由断根松膜铲对膜行内的作物根茬进行深5～10厘米的断根，同时将黏压在土壤中的地膜铲松，然后由搂膜齿盘将地膜搂起后连同作物根茬一起集中成条铺放于田间空行处。该机型具有结构紧凑、不需要动力输出装置、机动灵活、使用调整方便的特点。

技术参数

结构形式：悬挂式

配套动力：≥35千瓦

外形尺寸（长×宽×高）：
3.52米×2.27米×1.45米

工作幅宽：2米

作业速度：5～8千米/小时

残膜回收率：≥85%

（3）滚筒捡拾式残膜回收机

该机具有伸缩扒杆捡拾滚筒、弧形挑膜齿捡拾滚筒、弹齿滚筒、夹持式捡拾滚筒等多种形式，作业时捡拾滚筒上的捡膜齿深入土壤穿透残膜，在滚筒前进的同时将残膜挑起沿卸膜导轨输送后刮送至集膜箱。该机具结构简单、成本低，但是残膜回收率不高、效率相对较低。

代表机型：1FMJ-1260型残膜捡拾机

该机型由庆阳市前进机械制造有限公司生产，用于秋季收获后作业，采用伸缩扒杆捡拾滚筒，工作时捡拾滚筒上的捡膜齿深入土壤穿透残膜，在滚筒前进的同时将残膜挑起沿卸膜导轨输送后刮送至集膜箱。

技术参数

配套动力：29.4～36.8千瓦　　工作幅宽：1.26米

作业深度：5～10厘米　　作业效率：12～15亩/小时

残膜回收率：≥85%

（4）铲筛振动式膜土分离残膜回收机

该机具适用于土地翻耕后、作物播种前的残膜回收作业，工作时挖掘铲将土壤和残膜一起铲起，振动筛筛分出残膜和残茬运送到集膜框，土壤从振动筛上落回地面。该机具对土下残膜具有回收能力，回收彻底、作业可靠，但是功率消耗较大、作业效率低。

代表机型：1MCDS-100A 型铲筛式残膜回收机

该机型由农业农村部南京农业机械化研究所研制，公益性行业（农业）科研专项"残膜污染农田综合治理技术方案"研发成果。前后两层筛网设计，可一次性完成起膜、膜土分离、集膜、卸膜，残膜分离干净彻底。工作时，挖掘铲组件挖掘膜土，膜土混合物落到前筛，在驱振装置作用下，前筛面在松破土的同时逐级将剩余的土和残膜继续往后筛输送，落到后筛的膜土混合物继续在后筛的筛程内完成膜土分离和输膜任务，最后将分离干净的残膜回收至集膜筐。通过更换不同筛面可以收获花生、马铃薯、山药等。

技术参数

配套动力：18 ～ 30千瓦

工作幅宽：1米

作业深度：8 ～ 20厘米

作业效率：4 ～ 6亩/小时

残膜回收率：≥88%

代表机型：1MSWL-165A型网链式残膜回收机

该机型由农业农村部南京农业机械化研究所研制，公益性行业（农业）科研专项"残膜污染农田综合治理技术方案"研发成果，主要工作部件包括挖掘铲、碎土辊、双作用激振装置、三拐点变向式（可调）网链输膜机构、集膜装置等，可一次性完成挖掘起膜、输膜、清土和集膜作业。该机型适用于沙土或沙壤土种植的作物收后残膜回收，尤其适用于垄作花生收获后残膜回收。

技术参数

配套动力：75 ~ 120千瓦

工作幅宽：1.65米

作业效率：9 ~ 12亩/小时

缠膜率：≤2%

残膜回收率：≥85%

代表机型：11MFJ-125型双升运链卷轴自卸式残膜回收机

　　该机型由甘肃农业大学研制，适合于西北旱区全膜双垄沟播玉米种植模式，可一次性实现膜面清洁、起膜压茬碎土、膜边起膜、膜茬分离、膜土分离、近恒线速度卷膜、小锥度水平联动快速卸膜等，避免了传统机具起膜时常出现的膜杂分离不彻底、残膜回收效率低等现象，减少了田间的环境污染，改良了土壤结构，有利于河西灌区玉米耕种收全程机械化模式的大面积推广应用。该机型回收效果好、工作效率较高，回收效率是人工的10倍。

技术参数

外形尺寸（长×宽×高）：2.32米×1.56米×1.79米

工作幅宽：1.25米

作业速度：2～4千米/小时

缠膜率：≤2%

残膜含杂率：≤10%

残膜回收率：≥90%

（5）滚筒筛式残膜回收机

该机具1998年由内蒙古自治区农牧业机械化服务管理局研制，经过多年的改进和完善已经形成普遍应用的机型，有多家企业生产。工作时前方铲刀将耕层土壤全部铲起，经输送链运送到分离滚筒，筛选出根茬、残膜导入集膜框。该机具可以将压在土壤下的、缠绕在作物根茬上的残膜连同根茬与地表的残膜一起清理，工作阻力大、膜茬有漏起现象。

代表机型：4CM-80型残膜回收机

该机型在回收残膜的同时可以清理土壤中的砖块、石头、根茬等杂物，液压控制自动卸料，集堆放置。

技术参数

结构形式：三点半悬挂

作业速度：3～4千米/小时

作业效率：3～4.5亩/小时

根茬起净率：≥90%

残膜回收率：≥96%

（6）弹齿链耙式残膜回收机

该机具最早在新疆地区出现，弹齿捡拾与链耙输送相结合回收残膜。作业时，拖拉机牵引机具前进，松土铲将压在膜边的土层疏松，拖拉机后动力输出轴通过传动系统带动弹齿链耙机构转动，弹齿深入到土层中将残膜挑起后转动到脱模轮位置，脱模轮与弹齿链耙配合将残膜卸下后落入集膜箱。该机具适用于播前收膜，作业速度快、效率高，但捡拾弹齿对材料强度及加工工艺要求较高，在石块较多的田间作业时容易发生变形。

代表机型：1FMJT-180型弹齿链耙式耕层残膜回收机

该机型由山东省农业机械科学研究院、武城县大力农业机械有限公司联合研制，残膜捡拾率高、含杂率低，实现残膜集箱，能够自动卸膜，压缩回收环节，作业效率高。

技术参数

结构形式：牵引式

配套动力：＞51千瓦

工作幅宽：1.8米

作业深度：≥5厘米

残膜含杂率：≤10%

残膜回收率：≥90%

视频2
1FMJT-180型弹齿链
耙式耕层残膜回收机

代表机型：1SM-2.0型自卸式弹齿搂膜机

该机型由新疆农垦科学院机械装备研究所研制，采用链耙驱动成排的弹齿入土作业，弹齿直径5～8毫米，长度8～15厘米，入土深度约5厘米。弹齿的入土深度可以通过限深轮调节，以达到较好的捡膜效果。该机型适用于春季整地作业后、播种前耕层中的残膜回收，回收率高，但结构较为复杂，幅宽小，作业效率低。

技术参数

结构形式：悬挂式　　　　　　配套动力：≥40千瓦

外形尺寸（长×宽×高）：2.81米×2.17米×1.51米

工作幅宽：2米　　　　　　　作业深度：2～5厘米

作业效率：12～18亩/小时　　残膜回收率：≥90%

代表机型：4MP-3.5型链耙式残膜回收机

该机型由新疆科神农业装备科技开发股份有限公司研制，在土壤耕整后播种前进行残膜回收，仅用于地表相对平整、土壤湿度合适，无毛渠和石块等杂物情况下的收膜作业，适应地膜厚度为0.008～0.014毫米，主要针对往年旧膜和碎膜。

该机型采用弹齿链耙式捡拾回收，设置限深轮调整弹齿的入土深度，集膜箱装满后，通过液压缸使集膜箱底板与箱体分离，在地头将残膜卸下。该机型结构简单，使用方便，效率高。

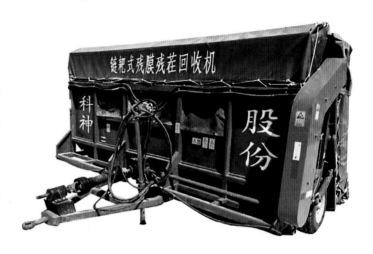

技术参数

结构形式：牵引式　　　　　　配套动力：≥44千瓦

外形尺寸（长×宽×高）：4.6米×3.9米×2.36米

工作幅宽：3.5米　　　　　　作业速度：4～8千米/小时

作业效率：≥27亩/小时　　　工作可靠性：≥92%

（7）残膜捡拾打包机

该机具在完成残膜回收后直接将残膜打成捆卸到田间，一次作业实现残膜捡拾、膜杂分离、打包成型工序，极大地压缩残膜体积，方便储运，避免残膜在田间地头堆积或焚烧造成环境污染，作业效率高。

代表机型：CMJY-1500型残膜捡拾打包联合作业机

该机型由山东省农业机械科学研究院研制，采用机械化分段联合作业的技术路线，适用于平作地上作物秸秆回收后或集条残膜的捡拾、清理与打包作业，膜捆形式为方捆。该机残膜捡拾与压缩作业同时进行，连续作业，无需停机卸膜。

技术参数

配套动力：≥58千瓦

工作幅宽：1.5米

作业速度：3千米/小时

残膜回收率：≥90%

成捆率：>90%

膜捆密度：≥70千克/米³

视频3
CMJY-1500型残膜捡
拾打包联合作业机

代表机型：CMJD-1500型残膜捡拾与打包联合作业机

该机型由山东省农业机械科学研究院研制，由牵引架、动力输入轴、传动系统、脱膜装置、打包装置、清杂装置等组成，一次作业可完成膜杂混合物清杂、残膜捡拾、抛送、打包、卸膜等工序，膜捆形式为圆捆，停机自动卸捆，作业成本较低。

技术参数

结构形式：牵引式

配套动力：≥88千瓦

工作幅宽：1.5米

作业速度：3千米/小时

残膜回收率：≥90%

成捆率：>90%

2. 联合作业机

该机具在实现残膜回收的同时兼具其他功能，如作物收获、秸秆粉碎、联合整地等。联合作业机械可以减少拖拉机进地次数、提高作业效率、降低作业成本，从而提高残膜回收的经济效益，调动农民回收残膜的积极性，而且可以有效节约农时，缓解劳动力短缺，具有很高的推广应用价值。

（1）马铃薯挖掘与残膜回收联合作业机

代表机型：4USM-90型马铃薯挖掘与残膜回收联合作业机

该机型由山东省农业机械科学研究院研制，马铃薯收获与残膜回收同步作业，马铃薯挖掘清土后呈带状放置在地表，地膜成卷回收。该机解决了马铃薯挖掘与残膜回收联合作业机同步作业过程中收膜难的问题，实现马铃薯收获过程中自动收膜。

技术参数

结构形式：悬挂式

配套动力：23.2 ~ 29.4千瓦

工作幅宽：0.9米

作业效率：1.5 ~ 2.7亩/小时

明薯率：≥96%

伤薯率：≤1.5%

破皮率：≤2%

残膜含杂率：≤10%

残膜回收率：≥90%

视频4
4USM-90型
马铃薯挖掘
与残膜回收
联合作业机

（2）秸秆粉碎还田与残膜回收联合作业机

代表机型：1FMJT-200型秸秆还田残膜回收机

该机型由山东省农业机械科学研究院、山东福生金地农业机械装备有限公司联合研制，采用先进的液压控制系统，限位准确，操控方便；具有先进的膜杂分离系统，残膜含杂率低；采用高强度弹齿，易损率低，捡拾率高。

技术参数

结构形式：牵引式

配套动力：≥80千瓦

工作幅宽：2米

作业深度：≥5厘米

残膜回收率：>87%

代表机型：1FMJT-220A型残膜回收机秸秆还田一体机

该机型由山东省农业机械科学研究院、武城县大力农业机械有限公司联合研制，一次作业可完成秸秆粉碎还田、起膜、输膜、膜杂分离、储膜、卸膜工序，主要用于棉花、花生、马铃薯等覆膜作物收获后或播种前地表及耕层残膜回收。

技术参数

结构形式：牵引式

配套动力：≥103千瓦

工作幅宽：2.2米

作业深度：≥5厘米

作业效率：10～15亩/小时

残膜回收率：>87%

代表机型：4JSM-2000型秸秆还田及残膜回收机

　　该机型由新疆农垦科学院机械装备研究所研制，在秸秆粉碎装置后加装搂膜装置，实现秸秆粉碎和搂膜联合作业。该机型的搂膜机构分成5个部分单独仿形，通过液压元件实现自动卸膜；粉碎的秸秆由输送器单侧输出侧抛至地面。该机具搂膜部件与秸秆还田机的作业速度相匹配，工作效率高，适用于新疆地区采收后的棉田残膜回收。

技术参数

结构形式：悬挂式

配套动力：50～80千瓦

作业速度：5～6千米/小时

残膜回收率：≥85%

代表机型：4JSM-200G型茎秆还田残膜回收联合作业机

    该机型由新疆生产建设兵团第七师一二五团农业技术服务中心研制，设计秸秆输送后抛装置将粉碎后的秸秆抛送到整机后方，可以避免粉碎秸秆与残膜混合影响收净率，并实现秸秆后抛均匀还田。

技术参数

结构形式：悬挂式　　　　　　　　　配套动力：≥66千瓦

整机重量：2 600千克　　　　　　　工作幅宽：2.1米

作业速度：5～7千米/小时　　　　　留茬高度：8～10厘米

秸秆粉碎长度：10～15厘米　　　　残膜含杂率：≤10%

残膜回收率：≥80%

代表机型：4JSM-2100型棉秸秆粉碎还田残膜回收联合作业机

该机型由新疆农业科学院农业机械化研究所研制，收膜部件采用弧形往复式挑膜齿残膜清理滚筒机构，挑膜齿伸出用于捡膜，挑膜齿缩回用于脱膜，设计的刀片在粉碎秸秆的同时产生风力，将粉碎秸秆由输送管道吹送到机具后部。该机适用于新疆地区采收后的棉田残膜回收，作业效率高，回收残膜含杂少。

技术参数

结构形式：牵引式

配套动力：30～60千瓦

工作幅宽：1.8米

速度：5～5.5千米/小时

作业效率：12～15亩/小时

残膜回收率：≥90%

视频5
4JSM-2100型棉秸秆粉碎
还田残膜回收联合作业机

代表机型：4JSM-2200型秸秆还田及残膜回收联合作业机

该机型由新疆乌苏市鹏程植保机械有限责任公司研制，工作时秸秆粉碎装置将秸秆粉碎后由输送风机抛送到机具后部，风机清理膜面枝秆残叶等轻杂，搂膜齿深入到土壤中将残膜搂集起来。该机型的搂膜齿入土深度由液压油缸控制，有两组搂膜齿处于浮动状态，残膜回收效果好，适用于新疆地区采收后的棉田残膜回收，残膜回收率高，作业效率较高。

技术参数

结构形式：悬挂式

配套动力：80 ～ 118千瓦

外形尺寸（长×宽×高）：2.56米×2.6米×1.45米

整机重量：1 400千克

工作幅宽：2.2米

风机风压：4 910 ～ 4 256帕

风机风速：3 130 ～ 4 792转/分钟

粉碎机构型式：甩刀式

搂膜机构型式：杆齿式

卸膜方式：自卸

代表机型：4JMLE-210型二阶链板捡拾秸秆粉碎还田和残膜回收联合作业机

该机型由石河子大学研发，常州汉森机械股份有限公司制造，作业时秸秆粉碎后抛洒到机具后方，残膜卷收。整机作业通过两次链板捡拾与振动结合实现膜杂分离，回收后残膜含秸秆率低；采用柔性钉齿链实现整膜捡拾，回收后残膜较为完整；采用组合式脱膜系统，脱膜稳定、安全可靠；采用卷膜式回收实现残膜压缩，方便后续储运。该机型的残膜回收率超过95%。

田间作业

卷收效果

卸膜作业

视频6
4JMLE-210型二阶链板捡拾秸秆粉碎还田和残膜回收联合作业机

代表机型：4JMLQ-210型前置清杂秸秆粉碎还田和残膜回收联合作业机

该机型由石河子大学研发，常州汉森机械股份有限公司制造，设计前置清杂滚筒，与残膜捡拾装置配合，有效清理杂质；前置清杂滚筒与残膜捡拾装置反向转动，辅助残膜捡拾装置完成残膜挑起和输送工作；粉碎的秸秆通过输送装置输送至机具外侧，减少灰尘烟雾的产生；残膜卷收实现压缩，方便后续储运。

视频7
4JMLQ-210型前置清杂秸秆粉碎还田和残膜回收联合作业机

代表机型：4JMS-2.0型残膜回收与秸秆还田联合作业机

　　该机型由新疆科神农业装备科技开发股份有限公司研制，采用弹齿链耙式捡拾装置，一次作业完成秸秆粉碎、残膜回收集箱工序，实现了残膜捡拾装箱和秸秆粉碎还田的长距离作业。该机型一次可连续作业10亩地以上，可保证地头定点液压卸膜，作业效率15亩/小时。

技术参数

结构形式：牵引式

外形尺寸（长×宽×高）：6.45米×2.72米×2.88米

工作幅宽：2米

粉碎机构型式：甩刀式

作业效率：15亩/小时

代表机型：4CMJ-2.0型残膜回收与秸秆粉碎还田联合作业机

该机型由新疆金天成机械装备有限公司生产，一次作业完成秸秆粉碎还田与残膜捡拾两道工序，作业效率高、性能稳定。该机型采用凸轮结构控制捡拾齿运动，捡拾深度可调；硬齿结构可以有效捡拾残膜，拾净率高。

视频8
4CMJ-2.0型残膜回收与
秸秆粉碎还田联合作业机

技术参数

结构形式：牵引式	配套动力：≥88千瓦
外形尺寸（长×宽×高）：5.58米×2.8米×2.5米	
整机重量：4 500千克	工作幅宽：2米
作业速度：7～9千米/小时	作业效率：11亩/小时
秸秆粉碎长度：≤15厘米	残膜回收率：≥85%

代表机型：1CMJ-2.0型残膜回收与秸秆粉碎还田联合作业机

该机型由石河子市光大农机有限公司生产，能一次完成秸秆粉碎与残膜捡拾两项作业。该机型采用导轨弹齿式残膜捡拾机构，液压控制捡拾头，仿形捡拾更精准，加装了边膜回收装置，残膜回收率在95%以上，作业效率高，性能稳定。该机型适用于地表相对平整，土壤湿度合适，无毛渠和石块等杂物的工作环境，适应厚度大于0.008毫米的地膜。

技术参数

结构形式：牵引式

配套动力：80～100千瓦

外形尺寸（长×宽×高）：4.8米×3.12米×1.43米

整机重量：2 200千克

工作幅宽：2米

作业速度：7～8千米/小时

秸秆粉碎长度：≤10厘米

残膜回收率：≥95%

视频9
1CMJ-2.0型残膜回收与
秸秆粉碎还田联合作业机

代表机型：4JM-205Q型秸秆还田残膜回收一体机

该机型由新疆钵施然智能农机股份有限公司自主研发，可一次完成棉花秸秆粉碎还田、膜秆分离、地膜集箱作业。该机采用绞龙排杂，排杂效率高，性能稳定；整体动平衡的粉碎滚刀，振动小，机器运行更平稳；采用左右对称传动，布局合理；收膜滚筒采用柔性弹齿，适应各种软硬程度的地块；行走轮液压升降，设有防护机械锁；搭配拖拉机使用，操作简单，维护方便，回收后的残膜干净少杂。

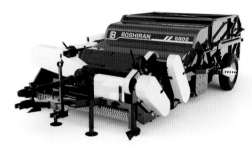

技术参数

结构形式：牵引式

配套动力：66千瓦

外形尺寸（长×宽×高）：4.8米×2.9米×1.7米

整机重量：3 500千克

膜箱容量：4.5米³

作业深度：5～8厘米

作业速度：7千米/小时

残膜回收率：≥90%

视频10
4JM-205Q型秸秆还田残膜回收一体机

代表机型：4CMS-2000型秸秆还田及残膜回收联合作业机

该机型由新疆农垦科学院机械装备研究所研制。工作时秸秆粉碎还田机先将棉秆粉碎，并抛送至机具一侧，然后由链耙式残膜回收装置将残膜从田间扒起，并运送至膜箱上方，通过脱膜装置使残膜落至膜箱中。该机型残膜拾净率高，但工作效率较低，适用于新疆地区采收后的棉田残膜回收。

（3）整地与残膜回收联合作业机

代表机型：1QZ-5.4型清膜整地联合作业机

该机型由新疆农垦科学院机械装备研究所研制，在联合整地机上加装1个或多个钉齿辊作为残膜回收工作部件，钉齿长度5～15厘米，直径8～15毫米，一次作业可以同时完成碎土整地和清除地表残膜，适用于播前残膜回收，该机的联合作业模式可以减少机具进地次数，降低作业成本，争取农时，具有较高的生产效率和可靠性，但残膜回收率不高，残膜回收部件对整地效果有影响，从残膜回收部件上退膜比较困难。

技术参数

配套动力：≥88千瓦　　　　　　外形尺寸（长×宽×高）：8米×5.5米×0.9米

整机质量：3 000千克　　　　　　工作幅宽：5.4米

作业深度：5～10厘米　　　　　　作业速度：6～10千米/小时

地表平整度标准差：≤4厘米　　　碎土率：≥85%

残膜回收率：≥75%　　　　　　　可靠性：≥90%

五、残膜机械化回收作业指南

1. 残膜回收机械的选择

　　选购正规厂家生产的残膜回收机械，产品应符合《GB/T 25412—2010 残地膜回收机》和《NY/T 1227—2019 残地膜回收机 作业质量》中关于残膜回收机产品和作业质量的相关规定。

用户应综合考虑作业模式、作业季节、种植规模、回收需求以及经济能力等选购合适的产品类型和型号，具体原则是：技术上先进、经济上合理、生产上可行。如合作社、种植大户和农机服务机构适合购入大型联合作业机械，小种植户适合小型回收机械，也可结合根茬回收或作物收获等需求购入小型联合作业机械。

2. 残膜回收机械作业规程

（1）作业前

作业前根据使用说明书要求选择适当的配套动力机械并正确连接。

牵引式机具，将机具的牵引装置与拖拉机牵引装置正确连接，锁定插销，具有液压装置的机型应将液压油管连接牢固。

悬挂式机具，将机具与拖拉机正确连接，锁定插销，调整拖拉机悬挂装置的中央拉杆及左右拉杆，使机具保持水平。

有动力输入的机具，将万向节传动轴正确连接，并安装安全防护套。

万向节传动轴

（2）作业中

作业速度符合说明书要求。

在机具作业30米后，应检查机具的作业质量是否满足回收要求，满足方可继续作业，否则要对机具进行重新调整。

对于悬挂式机具作业中转弯、调头及在路面行走时，应将机具提升到距离地面一定高度，防止工作部件与地面碰撞，工作时缓慢放下，不得撞击，防止损坏部件。

（3）作业后

机具停稳后切断动力，待所有工作部件停止运转后清除机具表面的黏土和杂物，检查机组状态是否完好，如有损坏应及时维修或更换。

机具完成一个作业季后应进行保养，稳固可靠地停放在通风、干燥的场所，并采取防晒、防雨雪和防锈措施。

3. 操作人员要求

操作人员应有拖拉机驾驶证，并经过农机具基础知识培训，操作前应仔细阅读机具说明书，熟悉机具的基本结构，了解机具的基本工作原理。

操作人员应该了解当地作业环境，在进行田间作业前要事先了解田间状况，判明行进路线。

4. 安全注意事项

机具运行过程中严禁站人或坐人，作业过程中严禁靠近。

机具作业过程中如有异常声响或发生堵塞，应立即停机检查，排除故障。

在检修机具时必须保证切断所有动力且所有部件停止运转，将机具稳定支撑，在道路行驶时应将机具升起并锁紧液压油缸的锁紧装置和拖拉机液压锁定装置。

5. 残膜回收后续处理

　　残膜回收后应及时转运至残膜回收点或专用存放场地，防止在田间地头长期堆积或私自焚烧造成二次污染，存放场地要求地面平整、干净，注意防火、防风、防水。回收的残膜进行无害化处理，实现资源的循环利用。

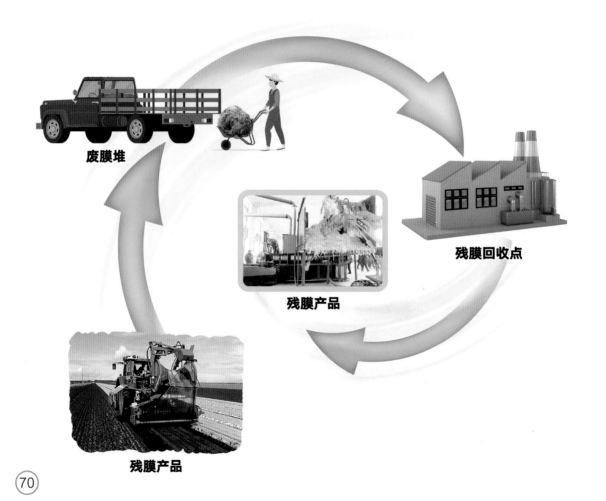

废膜堆

残膜产品

残膜回收点

残膜产品

六、残膜回收后循环利用

实现循环利用是解决残膜回收后续处理难题的有效途径，可以从根本上解决焚烧、填埋对环境造成的污染，还能做到变废为宝、资源再生。因此，残膜回收后循环利用技术和装备具有巨大的经济效益和广阔的发展前景。目前残膜回收后最主要的利用方式是生产再生塑料颗粒。

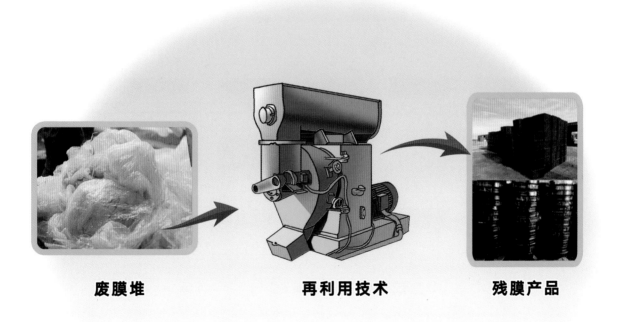

废膜堆　　　　　　　再利用技术　　　　　　残膜产品

1. 工艺流程

　　首先将残膜进行人工分拣或者通过成套设备进行膜杂分离,然后通过水洗的方式进一步清理残膜完成初清理过程。之后通过再生颗粒加工技术将清理后的残膜熔融后挤压造粒,再造的塑料颗粒可以进行资源再利用,与其他物料按一定比例混合后制成其他塑料制品。

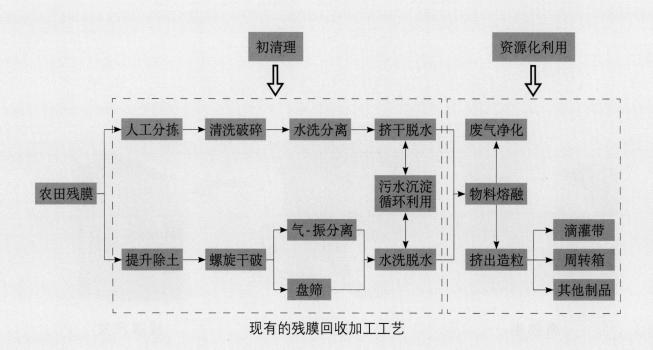

现有的残膜回收加工工艺

2. 残膜加工设备

（1）初清理成套设备

以下代表设备由石河子大学研制，包括膜杂破碎装置、膜土分离装置和膜秆分离装置，将含有土块、作物秸秆等杂质的残膜进行清选。作业时，首先破碎装置将与残膜混杂在一起的作物长秸秆切碎，然后通过气吹和振动的方式将土块粉碎实现膜土分离，最后通过膜秆分离装置将秸秆分离，实现残膜的初步清理。

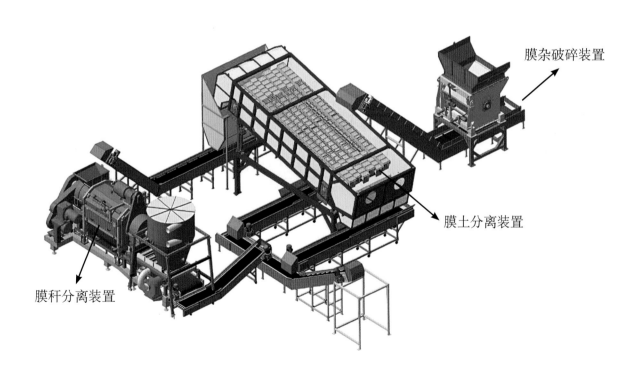

膜杂破碎装置

膜土分离装置

膜秆分离装置

（2）再生颗粒加工设备

　　再生颗粒加工设备是进行残膜加工再利用的重要装备，将经过初清理的残膜通过提升装置加入再生颗粒加工设备中进行熔融后挤出造粒，同时该设备具有废气净化功能，满足环保生产需要。

3. 残膜产品

（1）再生颗粒制品

通过上述残膜加工设备生产的再生颗粒是目前残膜再生利用最主要的产品和利用方式，再生颗粒与新塑料颗粒按一定比例混合后用于滴灌带、周转箱及包装膜等塑料产品的生产制造。

再生颗粒　　　　　　　周转箱、滴灌带　　　　　　排水管

（2）木塑产品

国内外近年兴起的一类新型复合材料，主要用于景观、建材、物流包装等行业，具有与硬木相当的物理机械性能，且其耐用性明显优于普通木材。

木塑材料

垃圾筒

景观栈道

景观小屋

（3）植物纤维复合材料

以大量植物纤维特别是木屑和残膜为原料，经过一定工艺复合而成的材料，具有塑料和木材的优点，能代替木材、塑料制作家具、门窗以及包装、装潢、隔音、防潮和防蛀等材料，成本低，经济效益好。

图书在版编目（CIP）数据

图说残膜机械化回收技术漫谈/康建明主编．－北京：中国农业出版社，2022.4
ISBN 978－7－109－29183－6

Ⅰ.①图… Ⅱ.①康… Ⅲ.①农用薄膜－回收技术－图集 Ⅳ.①X71

中国版本图书馆CIP数据核字(2022)第035963号

TUSHUO CANMO JIXIEHUA HUISHOU JISHU MANTAN

中国农业出版社出版
地址：北京市朝阳区麦子店街18号楼
邮编：100125
责任编辑：王琦瑢
版式设计：杜 然 责任校对：沙凯霖 责任印制：王 宏
印刷：北京中科印刷有限公司
版次：2022年4月第1版
印次：2022年4月北京第1次印刷
发行：新华书店北京发行所
开本：880mm×1230mm 1/24
印张：$3\frac{2}{3}$
字数：80千字
定价：48.00元